园隐

万物同娱

主题笔记本

鱼山·著

化学工业出版社
·北京·

图书在版编目（CIP）数据

园隐 / 鱼山著. — 北京: 化学工业出版社,
2021.7
（万物同娱主题笔记本）
ISBN 978-7-122-39034-9

Ⅰ. ①园… Ⅱ. ①鱼… Ⅲ. ①本册 Ⅳ. ①TS951.5

中国版本图书馆CIP数据核字(2021)第078517号

责任编辑：李彦芳　肖志明　　装帧设计：秋蒲文化 - 田木田木
责任校对：田睿涵

出版发行：化学工业出版社（北京市东城区青年湖南街13号　邮政编码 100011）
印　　装：北京瑞禾彩色印刷有限公司
787mm×1092mm 1/32　印张5　字数1千字　2023年1月北京第1版第1次印刷

购书咨询：010-64518888　售后服务：010-64518899
网　　址：http://www.cip.com.cn
凡购买本书，如有缺损质量问题，本社销售中心负责调换。

定价：49.00元

一生無用與萬物同娛

艺术家 鱼山

曾仁臻，号鱼山，建筑师，艺术家。

2012年至2021年春，居住工作于北京宋庄，现居上海。长期专注于研习中国园林和绘画。曾工作于北京百子甲壹建筑工作室，2014年创立“幻园”工作室，创作了大量有关中国园林、山水的研究性画作，探讨空间与人的关系。已出版专著《幻园》《幻园第二辑　借天工》《幻园：锁林泉》《草间居游》《草间情话》《造境记》《字间浮生》《夏天只是西瓜做的一个梦》。

出品方 凤凰吉象

凤凰吉象是凤凰数字科技旗下的国潮品牌，既是中华优秀传统文化的传播者，也是将东方审美融入当代生活方式的转译者。

凤凰吉象依托凤凰卫视集团全媒体的平台优势，以吉象IP内容为核心，致力于构建以图书出版、动画片、文创衍生、主题快闪和宋潮游乐园为一体的国潮文娱中心。

前言

于我，园子像一处桃源隐境，是一个远离俗尘的小世界。

在这个隐秘的小世界里，时间和空间都是相对独立的，居游其中的人可以忘记他想忘记的，可以获得暂时的安宁、愉悦和自由。我画园子也是为了获得这份在现实中可遇不可求的体验，是为了隐入一方随性却意蕴丰沛的笔墨中，是为了像鱼儿重新游入湖海一样重归逍遥自在。

居游园中给我的这份逍遥自在、愉悦惬意，不是一个人自说自话能得来的，还需要有萌发意趣的机制，那就是笔墨处与山水自然的对话。山水是富有诗情画意的，自然中花鸟鱼虫的存在总是让人感到生机勃勃、充满奇趣。我在园中经营山水形式，以寻得可以怡然安放身体之所，可以尽兴游赏之处。在园中打理花花草草，修理树木姿态，圈养可爱的动物，让它们都成为自己的朋友、邻居心灵的伙伴，朝夕相随。在园子里，我感受到的空间，是山水四季朝暮的旷奥。我们体会到的时间，是四时风雨明晦的幽远。在这样的时空里，或许人会有更独特的存在感，所思所感更接近诗意。

隐于园，既是退而自省，见心见性的微妙心境，又是独乐于山水，迷醉于自然的迁想妙得。所画所思，也算是我与山水的“相看两不厌”。

鱼山

鱼山

鱼山

百寶箱
魚山

鱼山

鱼山

鱼山
魚隱

鱼山

庚子年春

鱼山